Bibliografische Information der Deutschen Nationalbibliothek:

Die Deutsche Bibliothek verzeichnet diese Publikation in der Deutschen National-
bibliografie; detaillierte bibliografische Daten sind im Internet über http://dnb.d-
nb.de/ abrufbar.

Impressum:

Copyright © 2013 GRIN Verlag
Druck und Bindung: Books on Demand GmbH, Norderstedt Germany
ISBN: 9783656919742

Dieses Buch bei GRIN:

https://www.grin.com/document/294233

Antonio Salmeri

Chancen und Risiken der Kreativwirtschaft am Beispiel des Hamburger Gängeviertels

GRIN Verlag

GRIN - Your knowledge has value

Der GRIN Verlag publiziert seit 1998 wissenschaftliche Arbeiten von Studenten, Hochschullehrern und anderen Akademikern als eBook und gedrucktes Buch. Die Verlagswebsite www.grin.com ist die ideale Plattform zur Veröffentlichung von Hausarbeiten, Abschlussarbeiten, wissenschaftlichen Aufsätzen, Dissertationen und Fachbüchern.

Besuchen Sie uns im Internet:

http://www.grin.com/

http://www.facebook.com/grincom

http://www.twitter.com/grin_com

INSTITUT FÜR GEOGRAPHIE

Proseminar zur Humangeographie 1

SS 2012

Komm in die Gänge!

Eine kritische Auseinandersetzung mit der Kreativwirtschaft

Antonio Salmeri

Innsbruck, am 08.05.2012

Inhaltsverzeichnis

Besonders in Zeiten der scheinbar omnipräsenten Wirtschaftskrise nehmen wir wirtschaftliche Entwicklungen und Dynamiken als sehr strikte und planbare Prozesse wahr, die nach allen Regeln der Wirtschaftskunst einmal mehr und einmal weniger erfolgreich prophezeit und gesteuert werden können. Der verheißungsvolle Begriff der „Kreativwirtschaft" lässt eine weitaus weniger strikte und steuerbare Herangehensweise vermuten, weswegen ich mich entschlossen habe mich im Zuge dieser Proseminararbeit näher damit auseinanderzusetzen. Vor allem die Frage nach der Steuerbarkeit von Kunst, Kultur und Kreativität wird mich in dieser Arbeit wiederholt beschäftigen.

Die Begriffe Kunst und Kultur mit Ökonomie in Zusammenhang zu bringen, wäre mir persönlich vor der Auseinandersetzung mit diesem Thema wohl nicht in den Sinn gekommen. Kreativität als wesentlicher Input eines modernen Wirtschaftszweigs hatte ich bislang schlichtweg nie als solchen wahrgenommen. Tatsächlich erscheint mir die Einbettung von Kunst und Kultur in einen wirtschaftlichen Kontext schwierig, weswegen ich mich im Zuge meiner Proseminararbeit auch mit der Frage der „Kompatibilität" dieser Branchen beschäftigen werde. Auf der Ebene der Stadtplanung dient Kunst und Kultur als Instrument zur gezielten Aufwertung. Dieses Procedere stößt vermehrt auf Protest und gipfelte im Sommer 2009 in der Hansestadt Hamburg in der Initiative „Komm in die Gänge". Der künstliche Versuch seitens der Stadtverwaltung die Attraktivität eines Standortes zu erhöhen, führt letztendlich zu einer Verdrängung der ansässigen Bevölkerung. In dieser Arbeit werde ich versuchen die Mechanismen die zu dieser Gentrifizierung führen anhand diverser Beispiele aufzuklären. Beginnend werde ich mich mit der allgemeinen Erläuterung der Kreativwirtschaft befassen, um mich im Hauptteil vor allem kritisch mit einigen Schattenseiten der Branche, mit Verweis auf das Gängeviertel in Hamburg, auseinanderzusetzen.

In den letzten Jahren richtete sich die Aufmerksamkeit vieler Ökonomen auf das wirtschaftliche Potential von Kunst und Kultur. Die Kreativität wurde als definierendes Merkmal dieser beiden boomenden Branchen deklariert. (vgl. Müller, Flieger & Krug 2011, S.15) Wegbereiter dieser gänzlich neuen und revolutionären Wirtschaftspolitik war der US- amerikanische Ökonom Richard Florida, der mit seinen polarisierenden Theorien über die „kreative Klasse" große Aufmerksamkeit erregte. In seinem Buch „Cities and the creative class", weist er unter anderem darauf hin, dass eben diese „kreative Klasse" mitsamt ihrer künstlerischen Begabung maßgeblich an der Entwicklung einer Wirtschaftsregion beteiligt ist. In diesem Zusammenhang spricht Richard Florida auch von einem allgemeinem „gesellschaftlichen Wohlstand", welcher mit einer positiven wirtschaftlichen Entwicklung einhergeht. (vgl. Müller, Flieger & Krug 2011, S.17) Verschiedenste künstlerische Werke die aus einem kreativen Prozess hervorgehen, wurden bislang nicht so stark im Rahmen einer wirtschaftlichen Verwertbarkeit wahrgenommen. Tatsächlich ist ein kreatives oder künstlerisches „Produkt" weitaus schwerer hinsichtlich seiner Wertigkeit einzuordnen als beispielsweise ein materielles Gut. Hierbei verbirgt sich auch der Grund warum die Kreativwirtschaft erst sehr spät als tragender Wirtschaftszweig erkannt wurde. Tatsächlich aber ist diese Branche gesamtwirtschaftlich betrachtet alles andere als unbedeutend. Zwischen den Jahren 1996 und 2005 hat sich ihr weltweites Marktvolumen nahezu verdoppelt. (vgl. Glückler, Ries & Schmid 2010, S.15 zitiert nach UNCTAD 2008) In der Bundesrepublik Deutschland summiert sich die Bruttowertschöpfung auf 2,6 % des BIP. (vgl. Glückler, Ries & Schmid 2010, S.15 zitiert nach KEA 2006) Darüber hinaus konnte man im Krisenjahr 2009 in der Kultur- und Kreativwirtschaft einen völlig konträren Verlauf feststellen. Mit einem Gesamtumsatz von 244 Mrd. Euro kam es zu einer Steigerung um 2,4% zum Vorjahr. (vgl. Otto 2010, S.5) Trotz schlechter Konjunkturlage nahm die Zahl der Erwerbstätigen und Unternehmen weiterhin zu, wodurch die Kreativwirtschaft einen essentiellen Beitrag zur Stabilisierung der deutschen Wirtschaft leisten konnte. (vgl. Müller, Flieger & Krug 2011, S.27 f.) Spricht man in Deutschland von Kultur- bzw. Kreativwirtschaft, intendiert man meist den privatwirtschaftlichen Kultursektor. Die Enquetekommission „Kultur in Deutschland" zählt in Ihrer offiziellen Abgrenzung jene Unternehmen zur Kultur- und Kreativwirtschaft die: „überwiegend erwerbswirtschaftlich orientiert sind und sich mit der Schaffung, Produktion, Verteilung und / oder medialen Verbreitung von kulturellen / kreativen Gütern und Dienstleistungen befassen." (Müller, Flieger & Krug 2011, S.19) Im Zuge einer Wirtschaftsministerkonferenz im Jahr 2008 wurden die Kultur- und Kreativwirtschaft in insgesamt 11 Teilmärkten untergliedert. Dabei ist die kulturelle Produktion Merkmal der Kulturwirtschaft, während im Bereich der Kreativwirtschaft die Kreativität als deklarierendes Merkmal gilt. (vgl. Glückler, Ries & Schmid 2010, S.19)

2.2. Teilmärkte der Kultur- und Kreativwirtschaft

In folgender Abbildung werden die verschiedenen Teilbereiche der Kultur- und Kreativwirtschaft angeführt, sowie die entsprechenden Berufe nach Originärproduktion und Produktion und Vertrieb unterschieden. Diese Abgrenzung entspricht den Ergebnissen der Wirtschaftsministerkonferenz des Jahres 2008.

Teilmarkt	Originärproduktion	Produktion und Vertrieb
Kulturwirtschaft		
1. Musik- wirtschaft	Komponist,Musiker,Musiklehrer, Toningenieur,Musikensemble	Musikverlag,Tonträgerproduktion Agentur,Musikhandel,Festival
2. Buchmarkt	Schrifsteller/in,Autor/in	Buchverlag,Zwischenbuchhandel,Buchh andel, Agentur
3. Kunstmark	Bildender Künstler/in, Kunstlehrer/in	Galerie, Kunsthandel,Museumsshop, kommerzielle Kunstausstellung
4. Film- wirtschaft	Drehbuchautor,Filmproduzent Filmschauspieler,Filmemacher	Film-/TV-Produktionsfirma,Kino, Filmverleih/Vertrieb,Kino
5. Rundfunk- wirtschaft	Moderator, Sprecher,Produzent	Kommerzielles Radio- und Fernsehunternehmen
6. Markt für darstellende Künste	Theaterautor,Darstellender Künstler,Tänzer, Kabarettist	Kommerz. Theater,Musical, Agentur,Varietétheater,Kleinkunst
7. Design- wirtschaft	Designer,Gestalter angewandter Künstler	Büros für Industrie-,Produkt-,Grafik-, visuelles,Web-Design
8. Architektur- markt	Architekt,Landschaftsplaner, Gartengestalter	Büros für Hochbau,Innenarchitektur, Garten-/Landschafts-gestaltung
9. Pressemarkt	Journalist/in,Wortproduzent	Presseverlag,Pressehandel,Pressearchiv
Kreativwirtschaft		
10. Werbemarkt	Werbetexter	Büro für Werbegestaltung, -vermittlung, -verbreitung
11. Software/ Game– Industrie	Games- Entwickler,Web- Entwickler	Softwareberatung/-entwicklung,-verlag Programmierfirma,Agentur

(Abbildung 1: Branchengliederung der Kultur- und Kreativwirtschaft nach Teilmärkten.)

2.3. Der Hype um die Kultur- und Kreativwirtschaft

Die Kultur- und Kreativwirtschaft steht unlängst auch verstärkt im Fokus der Politik. So wurde das Jahr 2009 von der europäischen Kommission zum Jahr der Kreativität und Innovation ernannt. (vgl. Glückler, Ries & Schmid 2010, S.16) Das enorme Wachstumspotential sowie die Funktion als wichtiger Motor regionaler Entwicklung erheben die Kreativwirtschaft zu einem wirtschaftlichen Themenschwerpunkt der nächsten Jahre. (vgl. Glückler, Ries & Schmid 2010, S.16) Das generelle Interesse an diesem Wirtschaftszweig hat also innerhalb kürzester Zeit stark zugenommen, sodass in verschiedenen Städten auch diverse Studien zu lokalen Kreativbranchen durchgeführt wurden. Kernelement solcher Untersuchungen ist oft die Steuerbarkeit der Kreativbranchen, die erlauben würde bestimmte Stadtteile gezielt zu Zentren des kulturellen und kreativen Schaffens zu erheben. Dementsprechend versucht man unlängst Raumstrukturen zu entwickeln, die eine Ansiedlung der sogenannten „kreativen Klasse" begünstigen.

Aufgrund des hohen wirtschaftlichen Potentials der Kreativbranchen, werden Stadtteile mit einem hohen Anteil an künstlerischem und kreativem Output folglich zu höchst interessanten Spekulationsgebieten. Kommt es durch gezielte Aufwertungsversuche zu einer groben Umgestaltung eines Stadtviertels, geht dies meist mit sozialen Verdrängungsprozessen einher und wird somit zu einem hochinteressanten Gegenstand der Humangeographie. (vgl. Twickel 2010, S.5 f.)

2.4. Kreativität, Kunst und Kultur als Standortfaktoren

„Talentierte Menschen suchen eine Umgebung, die das Anderssein akzeptiert." (Florida 2004) So begründet Richard Florida in einem Artikel der Washington Monthly, warum bestimmte Stadtregionen besonders im Interesse internationaler Firmen und Unternehmen stehen.

Das Angebot an Kunst und Kultur reiht sich demnach zusammen mit dem Freizeit und Bildungsangebot in die Liste der sogenannten „weichen Standortfaktoren" ein, die einen besonders attraktiven Nährboden für kreative Köpfe darstellen sollen. Man geht also davon aus, dass es dadurch zu einer urbanen Verdichtung der kreativen Klasse kommt. (vgl. Kawka, Lange, Streit & Hesse 2011, S.42)

Gemäß Richard Florida's Theorie kann die Wettbewerbsfähigkeit einer Region folglich dadurch erhört werden, dass eine Vielzahl von hochqualifizierten und kreativen Arbeitskräften angezogen wird. Dementsprechend sei es erstrebenswert ein möglichst attraktives Umfeld für diese kreative Klasse zu schaffen. (vgl. Kawka, Lange, Streit & Hesse 2011, S.4 f.)

Am Beispiel Hamburgs sind es vor allem die innerstädtischen Altbauviertel, die als derartige Kreativquartiere gelten. Umso paradoxer erscheint es, wenn solche soziale Wohnbauten einem rundum Aufwertungsprozess unterzogen werden sollen, der das Bild dieser Wohnviertel nachhaltig verändern würde. Eben derartige reibungsintensive und heterogene Stadtviertel sind Zentren des kreativen Schaffens und werden unlängst sogar Werbekulisse globaler Unternehmen.

Die Marke „Nike" beispielsweise bedient sich solcher Marketingstrategien die unter dem Stichwort „Cultural Camouflage" zusammengefasst werden können und setzt verstärkt auf Urbanismus und Subkultur.

Die Marke wird dabei Teil des urbanen Gefüges und stellt durch Werbespots in denen Fußballstars ihr Können in leerstehenden Lagerhallen oder öffentlichen Plätzen demonstrieren, ihre „street-credibility" unter Beweis. (vgl. Twickel 2010, S.56)

Besucht man die Website „kreativeseiten-hamburg.de", findet man unter „Kreativindex" eine Auflistung sämtlicher der Kultur- und Kreativwirtschaft zugehörigen Firmen und Unternehmen der Stadt Hamburg. Absolut auffallend ist dabei, dass ein überwiegender Großteil der kreativen und künstlerischen „Produktion" offenbar in den Stadtvierteln Altona und St. Pauli stattfindet. Um dabei auf das Zitat von Richard Florida zurückzukommen, scheint sich seine These durchaus zu bestätigen, da das „Anderssein" in diesen Orten der Hansestadt erlaubt und teils sogar erwünscht ist.

Grundsätzlich wird sich kreatives und künstlerisches Handeln lediglich dort ergeben können, wo das Milieu die nötige Inspiration verleiht und die nötigen Strukturen und Netzwerke innerhalb der Kunst- und Kulturszene vorhanden sind. (vgl. Kawka, Lange, Streit & Hesse 2011, S.10 f.)

2.5. Raum für Kunst, Kultur und Kreativität

Hält man sich ein charakteristisches Künstlerviertel vor Augen, denkt man wohl kaum an moderne Wohnkomplexe, teure Boutiquen oder an in Glas und Stahl gehaltene Kunstgalerien.

Voraussetzung für die Ansiedlung einer „kreativen Klasse" sind viel mehr Flächen und Räume die zur freien Gestaltung bereitgestellt werden. Sind in der Nachkriegszeit vor allem Kellerräumlichkeiten Schauplatz künstlerischer Tätigkeit gewesen, so sind es heute leerstehende Gewerbe- und Industrieflächen die genutzt werden um den künstlerischen Ambitionen freien Lauf zu lassen.

In den 60er und 70er Jahren wurden kulturelle Freiräume aufgrund des Mangelangebots durch Besetzungen und Proteste erzwungen. Das ehemalige Schlachthofgebäude „Arena Wien" ist nur eines von zahlreichen Beispielen wo vorübergehend leerstehende Gebäudekomplexe einem neuem, kulturellem Zweck dienen mussten. (vgl. Twickel 2010, S.52)

Die Kultur- und Kreativwirtschaft bettet Kunst und Kultur in einen ökonomischen Kontext ein und beschäftigt sich vor allem mit ihrer wirtschaftlichen Verwertbarkeit. Es hat sich gezeigt dass Standorte an denen ein breites Angebot an Kunst und Kultur herrschen sehr oft aufgrund zu aggressiver Aufwertungspolitik zugrunde gehen. Eine infrastrukturelle Aufwertung zieht fast immer einen generellen Preisanstieg mit sich, der wiederum von einem Teil der dort ansässigen Personen nicht tragbar ist. Es lässt sich also beobachten, dass sich ein verstärktes wirtschaftliches Interesse an der Kunst- und Kulturszene eines Standortes meist sogar innovationshemmend auswirkt und in einem Folgeschritt zu gesellschaftlichen Verdrängungsprozessen führt.

Werden solche Mittel also von außen gestellt, zielen diese meist auf die wirtschaftliche Aufwertung eines Stadtviertels ab. Ziel ist es also, unter dem Deckmantel sogenannte Problemviertel freundlicher gestalten zu wollen, den wirtschaftlichen Output eines Stadtteils zu erhöhen. Zwei Vorsätze die nur bedingt in Einklang zu bringen sind. So schreiben beispielsweise Konrad Becker und Martin Wassermair in ihrem Werk „Phantom Kulturstadt":„Kulturelle Entwicklungen abseits ökonomischer Verwertbarkeit scheinen dabei nicht von Interesse zu sein." (Becker & Wassermair 2009, S.109)

Auch im Zuge meiner Recherchearbeiten musste ich feststellen, dass ein sehr hohes Interesse an dem kreativ- und kunstwirtschaftlichen Sektor besteht, doch die dahinterstehende Kunstszene meist weitaus weniger gefördert wird.

Auch die bereits im vorhergehenden Kapitel angesprochene Internetseite „kreativeseiten-hamburg.de" verschreibt sich dabei dem wirtschaftlichen Aspekt und bietet beispielsweise weiterführende Beratung zum Thema Existenzgründung und Selbständigkeit, Finanzierung, oder Mentoring an. Nichtsdestotrotz ist man vereinzelt drauf und dran einen Paradigmenwechsel zu vollziehen, der sich von einer rein konsumorientierten Stadtplanung entfernt und dafür den verschiedenen Subkulturen einer Stadt ihre Frei- und Gestaltungsräume gewährt. Ein Paradebeispiel für eine derartige positive Entwicklung liefert das Gängeviertel in Hamburg, wobei sich dieses Umdenken hier erst nach einer monatelangen Gegenwehr der lokalen Bevölkerungsgruppe ergeben hat.

Als kurzes Zwischenresümee bin ich der Meinung, dass Problemviertel durch das Zulassen von Kunst und Kultur beziehungsweise die gezielte Bereitstellung von Räumen durchaus aufgewertet werden können. Die verstärkte wirtschaftliche Vermarktung dieses Stadtteils wiederum hat zur Folge, dass vielen ansässigen Künstlern ein Überleben unmöglich gemacht wird.

3. Schattenseiten der Kreativwirtschaft

Die Kultur- und Kreativwirtschaft boomt, doch nichtsdestotrotz birgt die ambivalente Beziehung zwischen Kunst, Kultur und Wirtschaft diverse Schattenseiten. Im folgenden Teil werde ich auf negative Effekte der Branche eingehen und versuchen diese anhand konkreter Beispiele zu belegen

3.1. Gentrifizierung

In einem Lehrbuch der Geographie stößt man auf folgende Definition: „Gentrification oder Gentrifizierung ist ein komplexes Phänomen; es lässt sich nach Krajewski (2006) definieren als bauliche Aufwertung (z.B. Gebäudesanierung, Wohnumfeldsverbesserung), soziale Aufwertung (statushöhere Bevölkerung, v.a. Besserverdienende, höher Gebildete wie „Yuppies" oder Studierende), funktionale Aufwertung (z.B. Ansiedlung neuer Geschäfte mit qualitativer Angebotserweiterung) und symbolischer Aufwertung („positive" Kommunikation über das Stadtgebiet, Medienpräsenz, Schaffung von landmarks, hohe Akzeptanz bei Bewohner und Besuchern)." (vgl. Gebhart, Glaser, Radtke & Reiber 2006, S. 652) Diese umfangreiche Definition beschreibt zwar die verschiedensten Aufwertungsmethoden, klammert jedoch deren Auswirkungen gänzlich aus. Anhand folgender Erläuterungen werde ich versuchen diese zu beschreiben.

Alt- und Sozialbauten werden nur allzu oft zu sogenannten „Problemvierteln" deklariert, deren allgemeine Aufwertung zum löblichen Ziel der Stadtverwaltungen wird. Dies sind meist Stadtviertel mit einer sehr hohen sozialen und kulturellen Durchmischung, die aber zu einem Großteil von einkommensschwachen Gesellschaftsschichten bewohnt werden. Eben diese Heterogenität begünstigt die Entwicklung künstlerischer Netzwerke, führt im Idealfall zu einem interessanten und breit gefächertem kulturellen Angebot und zeichnet sich vor allem durch einen oft alternativen und freizügigen Lebensstil aus. Ein Ort der Multikulturalität der einen attraktiven Nährboden für die „kreative Klasse" darstellt und somit spätestens seit dem internationalen Hype um die „Kreativwirtschaft" auch verstärkt in den Fokus der Öffentlichkeit gerückt ist.

Derartige Orte avancieren nicht selten zu regelrechten „Szenevierteln", die demnach ein hohes wirtschaftliches Potential in sich bergen. Durch die Aufwertung der Stadtviertel durch Investoren oder aus öffentlicher Hand, steigt auch der Marktwert dieser Region. Die damit verbundene Erhöhung von Wohn- und Lebenserhaltungskosten zwingt die einkommensschwachen Einwohner ihren Wohnort zu wechseln. Dieses Schicksal erleiden auch viele der Künstler, welche diesen Kreislauf initiiert haben und den Raum ihres kreativen und kulturellen Schaffens zu interessanten Spekulationsgebieten gemacht haben. (vgl. Twickel 2010, S.50 f.)

So ereignet hat es sich beispielsweise in der italienisch Stadt Reggio Emilia, als 1960 das Sozialwohnbauviertel „Compagnoni" errichtet wurde. Ein abgeschotteter Ort außerhalb der Stadtgrenzen, dessen Einwohner es schaffen prekäre Lebensverhältnisse, kulturelle Autonomie und „Andersheit" zu vereinen. Jener Teil der Bevölkerung der, aus welchen Gründen auch immer, nicht mit der grauen Masse konform ging, wurde in dieses neue Stadtviertel umgesiedelt. Es wurde zur Tradition jährlich kulturelle Feste zu veranstalten, es entwickelte sich eine eigene Sprache und es entstand ein Kollektiv an jungen und aufstrebenden Künstlern. Heute, fast 50 Jahre nach der gezielten Ausgrenzung der Bevölkerung, setzt sich die Stadtregierung mit einem Projekt unter dem Motto der „Integration", für eine generelle Aufwertung des Stadtviertels ein. Vor allem Firmen und Unternehmen sollen in dem kreativen Milieu Fuß fassen und wirtschaftlichen Profit schlagen.

Die ansässige Bevölkerung ist zu einem Großteil nicht in der Lage die erhöhten Kosten zu tragen und ist gezwungen in andere Wohnviertel umzuziehen. Die Initiative „Collettivo Sottotetto" protestiert mittels Wohnraumbesetzungen, Kunstprojekten und Beratungsstellen gegen diesen Gentrifizierungsvorgang. (vgl. Becker & Wassermair 2009, S.113 f.)

Sehr passend finde ich dabei eine Textpassage aus Christoph Twickel´s Buch Gentrifidingsbums – oder eine Stadt für alle: „Gentrifizierung macht aus einem Milieu der Vielen ein Produkt für Wenige." (Twickel 2010, S.103)

3.2. Existenzgründung

Die Zahl der Klein- und Kleinstunternehmen in der Kultur- und Kreativwirtschaft steigt kontinuierlich und aufgrund wachsender Fördertöpfe und diverser Beratungsstellen wird sich diese Situation vorerst auch nicht ändern. So überrascht es auch nicht, dass die Rate der Selbstständigen in der Kultur- und Kreativwirtschaft fast doppelt so hoch ist wie in der Gesamtwirtschaft. (vgl. Müller, Flieger & Krug 2011, S.19) Die Gefahr liegt weniger in der Gründung, sondern in der Erhaltung des neuen Unternehmertums. So kommt es vor allem in den ersten Jahren verstärkt zu Mehrfachanstellungen, da laufende Kosten sonst nicht gedeckt werden können.

Die boomende Branche der Kultur- und Kreativwirtschaft stellt eine reelle Chance für jeden einzelnen Künstler dar sein eigenes Unternehmertum aufzubauen. Voraussetzungen dafür sind allerdings die Bereitwilligkeit sein eigenes Schaffen wirtschaftlich zu vermarkten, sowie die Bereitschaft auch die Schattenseiten des Unternehmertums auf sich zu nehmen.

Buchhalterische Pflichten sowie diverse Anforderungen im Bereich der Verwaltung bedeuten einen deutlichen Mehraufwand und begrenzen somit auch die verfügbare Zeit die in künstlerische Arbeit gesteckt werden kann. Digitalisierung kann in diesem Zusammenhang als sehr zweischneidiges Schwert betrachtet werden. Einerseits wird somit eine stärkere Vernetzung in der Kunstszene selbst ermöglicht, doch andererseits wurden durch Copyright-Verletzungen oder illegale Downloads der Film- und Musikszene ein enormer wirtschaftlicher Schaden zugefügt. (vgl. Weiniger 2008, S. 22 f.)

3.3. Digitalisierung

Im vorhergehenden Abschnitt habe ich die Musikindustrie als eine jener Branchen angeführt, welche am meisten unter den negativen Auswirkungen der Digitalisierung zu leiden hat. Positiv anzumerken ist allerdings, dass Dank der Digitalisierung die Produktionskosten stark gesunken sind. So ist beispielsweise jeder Musiker in der Lage mit vergleichsweise geringen Mitteln hochqualitative Musikaufnahmen zu machen und diese auch ohne Absatzvermittler selbstständig im Internet zu vertreiben. Dem ist allerdings hinzuzufügen, dass ein solches Procedere meist nur für bereits etablierte Musiker profitabel ist. (vgl. Mayer 2007, S.14 f.) Das Internet bietet zudem die Möglichkeit einer sehr kostengünstigen Vermarktung, die es beispielsweise auch sogenannten „Independent- Labels" erlaubt ein breites Publikum zu erreichen. (vgl. Mayer 2007, S.18) Die Rolle mächtiger Plattenfirmen erscheint dabei recht ambivalent. Die Reaktion auf die Zunahme von Raubkopien war der verstärkte Einsatz von Abschottungsmechanismen, welche fast keinerlei positiven Resultate erzielt haben. Andererseits wird durch das Internet der Marktzugang für eine derartige Fülle von Künstlern erleichtert, dass der Vertrag bei einem Major- Label als anzustrebendes Qualitätsmerkmal gilt und großen Plattenfirmen ihre Daseinsberechtigung zurückverleiht. Die Digitalisierung kann für junge aufstrebende Musikkünstler also als Chance begriffen werden, während sie den großen Plattenfirmen ihr Monopol auf die Musikverbreitung abgerungen hat und folglich für immense wirtschaftliche Schäden verantwortlich war. (vgl. Mayer 2007, S.20)

Ähnlich wie in der Musikindustrie sind auch in der Filmindustrie vor allem jene Teilbereiche von der Digitalisierung betroffen, welche für die Reproduktion und Distribution zuständig sind. (vgl. Mayer 2007, S.28) Während sich Kinos trotz der Digitalisierungsfolgen aufgrund ihrer Funktion als „Erlebniswelt" weiterhin behaupten können, wird der stationäre Filmverleih in naher Zukunft vollständig durch digitale Onlineportale ersetzt werden. (vgl. Müller, Flieger & Krug, 2011 S.41) Inwiefern auch andere Bereiche der Kultur- und Kreativwirtschaft aus den Fehlern der Musikindustrie lernen, wird sich zeigen. Die Filmindustrie zumindest zeigt durch die Bereitstellung von legalen Download- und Streaming- Portalen ein aktiveres Umgehen mit dem Thema Digitalisierung und leidet dementsprechend weniger stark unter deren Auswirkungen. (vgl. Mayer 2007, S.54)

3.4. Instrumentalisierung von Kunst und Kultur

Prinzipiell gilt es hier zwei grundsätzliche Sichtweisen zu unterscheiden. Einerseits wird die Vermarktung des künstlerischen und kulturellen Produkts von einem Teil der Branche –hauptsächlich in den Tätigkeitsfeldern der Produktion und des Vertriebs- als erstrebenswert angesehen. Im Bereich der Originärproduktion hingegen verstehen sich viele Künstler oft als Marionetten einer Aufwertungspolitik. Diese Künstler sind meist nicht sehr stark erwerbswirtschaftlich interessiert, doch tragen wesentlich zur Standortattraktivität eines Stadtteiles bei. Eben diesen Vorreitern kommt somit eine fundamentale Rolle zu, für welche diese Künstler nur in sehr geringem Maße geschätzt werden.

Folglich wird der Schrei nach einer Instrumentalisierung der Kunst und Kultur vor allem aus dieser pionierhaften Künstlerszene immer lauter. (vgl. Twickel 2010, S.60)

Der Hamburger Künstler Christoph Schäfer beispielsweise meint in einem Beitrag der Sendung „ZDF Aspekte" vom 06. Novermber 2009:„Die Kunst und Subkulturen bekommen eine Rolle zugewiesen, dass sie gezielt bestimmte Stadtteile aufwerten sollen." Christoph Schäfer, Rocko Schamoni oder Peter Lohmeier sind nur einige der Namen von prominenten Hamburger Künstlern welche einer derartigen Zweckentfremdung von Kunst und Kultur sehr kritisch gegenüberstehen. Im Zuge meiner Proseminararbeit werde ich mich am Beispiel des Gängeviertels in Hamburg noch intensiver mit dieser speziellen Situation auseinandersetzen.

Wie einige Kapitel vorher bereits kurz angesprochen, lässt sich Kreativität keinerlei Planung oder Strukturierung von außen unterwerfen. Die Aufwertung durch Kunst und Kultur seitens der Stadtverwaltung stößt demnach sehr rasch an ihre Grenzen. Dies wiederum wäre eine zweite Form der „Instrumentalisierung" von Kunst und Kultur, welche allerdings nicht den gewünschten Effekt eines „hochwertigen" kreativen Milieus mit sich bringt. (vgl. Rupert 2011, S.10)

Eine dritte Interpretationsmöglichkeit liefert die zugrunde liegende Ambivalenz wenn Kunst und Kultur in einen wirtschaftlichen Kontext eingebettet werden. Kunst und Kultur werden demnach zu einem „Instrument" degradiert, welches lediglich den wirtschaftlichen Profit herbei führen soll. (vgl. Weiniger 2008, S. 28 f.)

4. Das Hamburger Gängeviertel

„Künstler besetzen Hamburger Gängeviertel." Diese Schlagzeile ist am Samstag den 22. August 2009 um 18:51 Uhr auf dem Internet-Portal der deutschen Bild- Zeitung zu lesen. Zwei Jahre später, am 2. Dezember 2011 um 16:09 wettert die Bildzeitung mit dem Slogan:„Dürfen die Gängeviertel – Künstler eigentlich alles?" massiv gegen die resistent gebliebenen Besetzer des Hamburger Gängeviertels. (vgl. das Gängeviertel 2012 / Pressespiegel) Zwischen diesen beiden Publikationen auf dem Online- Portal der deutschen Bildzeitung liegen ca. 2 Jahre, in denen sich offensichtlich viel getan hat. Die Protestbewegung des Hanse-städtischen Künstlerkollektivs war nicht nur erfolgreich, sondern hat auch ein hohes mediales Interesse sowie kontroverse Diskussionen im ganzen Land hervorgerufen.

4.1. Geschichte des Gängeviertels

Der Name „Gängeviertel" resultiert aus der platzsparenden Bauweise, sodass zwischen den Baukomplexen nur enge und verwinkelte Gassen ein Durchkommen erlauben. Seinen Ursprung fand dieser Baustil im Mittelalter, doch als Reaktion auf das schnelle Bevölkerungswachstum im 19. Jahrhundert wurden die Gängeviertel weiter ausgebaut und avancierten zu beliebten Behausungsstätten der gesellschaftlichen Unter- und Mittelschicht. Der große Nachteil der engen Bebauungsweise liegt in der vollkommenen Verkehrsabschottung, da für Fuhrwerke oder landwirtschaftliche Geräte schlichtweg kein Durchkommen war.

Dem kommt hinzu, dass sich aufgrund der schlechten hygienischen Umstände Krankheitserreger besonders schnell ausbreiten konnten. Der Ausbruch der Choleraepidemie im Jahre 1892 machte diverse Sanierungsmaßnahmen notwendig, bis man Mitte des 20. Jahrhunderts große Teile des Gängeviertels abriss und durch moderne Bauwerke ersetzte. Die Initiative „Komm in die Gänge" hat es sich seit August 2009 zur Aufgabe gemacht, die verbleibenden 12 Gebäude des Hamburger Gängeviertels vor einem ähnlichen Schicksal zu bewahren. (vgl. das Gängeviertel 2012/Info)

(Abbildung 2: Das Hamburger Gängeviertel.)

4.2. Strategien der Stadt Hamburg

Auch die Stadt Hamburg zeigte sich von den hochgelobten Wachstumspotentialen der Kultur- und Kreativwirtschaft sowie den Erläuterungen eines Richard Florida durchaus beeindruckt und verfolgte zunehmend das Ziel, ihre Stadt attraktiver für junge und aufstrebende Künstler zu gestalten. Zu diesem Zweck wurde sogar der Unternehmens- und Politikberater Roland Berger akquiriert, welcher mit dem mittlerweie 503 Mio. Euro schweren Projekt der „Elbphilharmonie" der selbsternannten „Talentstadt" Hamburg zu neuem Glück verhelfen sollte. (vgl. Pletter 2007, S.1)

Spätestens seit den Publikationen des US Ökonomen Richard Florida scheint ein internationaler Wettbewerb darum entbrannt zu sein, eine möglichst attraktive Stadt für die „kreative Klasse" zu erschaffen. (vgl. Twickel 2010, S.116) Doch dieses Aushängeschild "Marke Hamburg" schmückt sich zunehmend mit einer Hamburger Kunstszene, welche schon lange nichtmehr so recht in die für sie vorgefertigte Schublade passen will. Das Bestreben Kunst- und Kulturschmiedefabriken gezielt erschaffen zu wollen, stößt auf wenig positive Resonanz und hat umso weniger Erfolg.

So schreibt der Autor Christoph Twickel beispielsweise:„Wir sagen: Eine Stadt ist keine Marke. Eine Stadt ist auch kein Unternehmen. Eine Stadt ist ein Gemeinwesen." (Twickel 2010, S.116)

11

Als im Jahr 2003 der holländische Investor „Hanzevast" das Hamburger Gängeviertel erwirbt und schließlich 2009 seine Restaurierungspläne offenlegt, führt dies zu einer lautstarken Protestbewegung einiger Hamburger Künstler. Aus dieser anfänglichen Protestbewegung entstand eine kulturelle und soziale Begegnungsstätte, welche den ansässigen Künstlern auch wieder einen Entfaltungsraum außerhalb der „Marke Hamburg" gewährte.

Dieses Beispiel unterstreicht abermals, dass Kunst und Kultur keiner Steuerbarkeit unterliegen und keineswegs durch erzwungene äußere Maßnahmen forciert werden können. Vielmehr bedarf es in jeder Stadt auch an Räumen, welche sich von infrastrukturellen und gesellschaftlichen Regelhaftigkeiten abgrenzen dürfen und zur freien Benützung offen stehen.

4.3. Strategien der „Komm in die Gänge" Initiative

Die Strategien die zu einer erfolgreichen „Eroberung" des Hamburger Gängeviertels geführt haben waren weitaus subtiler als man es im ersten Moment erwarten würde und sind keinesfalls mit den typischen Hausbesetzungsinitiativen aus den 60er und 70er Jahren zu vergleichen. Es wurde anfänglich in erster Linie das Ziel verfolgt, eine möglichst große Menschenmasse für dieses „Projekt" zu gewinnen. Das Hamburger Gängeviertel als erhaltenswertes Relikt vergangener Zeit musste also in das kollektive Bewusstsein der Hamburger Bevölkerung zurückgeholt werden. Zu diesem Zweck wurden beispielsweise historische Ausstellungen zum Thema „Hamburger Gängeviertel" veranstaltet und gezielt versucht mediales Interesse zu erregen. So kam es auch zur Geburt der Initiative „Komm in die Gänge", dessen kreisrundes rotes Symbol in Form von Stickern bald die ganze Altstadt Hamburgs eroberte. In erster Linie durch Mundpropaganda wurde ein großer Menschenkreis über den bevorstehenden Start der Besetzung in Kenntnis gesetzt. Der Lokalpolitik hingegen wurde offiziell ein „Hoffest" mit „kultureller Bespielung" angekündigt. An dem besagten „Hoffest" nahmen schließlich über 3000 Personen teil, wovon wiederum ca. 200 Personen Teil der Besetzungsaktion wurden. (vgl. das Gängeviertel 2012/Konzept) Die Handlungsmotive der „mit- Besetzer" waren dabei sehr differenziert, doch die Verantwortung ein kulturelles Erbe vor Verfall und Abriss zu bewahren stellte die gemeinsame Interessensbasis dar. (vgl. Twickel 2010, S.96 f.)

Aufgrund des hohen medialen Interesses und den zahlreichen teils auch prominenten Anhängern des Projekts, wurde von einer Zwangsräumung des Hamburger Gängeviertels abgesehen. Drei Tage nach der Besetzung wurde mit der Stadt Hamburg eine Zwischennutzungsvereinbarung unterschrieben, welche den Besetzern offiziell einen vorläufigen Aufenthalt gewährte. Im Anschluss versuchte man seitens der Stadt lukrative Ausweichflächen anzubieten, um den planungsgemäßen Beginn des Bauprojekts doch noch zu ermöglichen. Dieser Annäherungsversuch wurde von den Besetzern jedoch rigoros abgewendet. Die Künstlerin Christine Ebeling sagt in einem Gespräch mit Christoph Twickel: „Außerdem sind wir bewusst ins Herz der Stadt, in die City gegangen. Mit der klaren Aussage: Wir wollen nicht in die Randgebiete, in irgendwelche Ecken, die jetzt bitteschön zu gentrifizieren sind." (Twickel 2010, S.96) Dieses Statement verdeutlicht, dass es in diesem Projekt um weitaus mehr geht als die reine Beschaffung von künstlerischen Freiräumen oder den Schutz eines historischen Stadtteils. Es ist auch ein exemplarischer Protest gegen Gentrifizierung, sowie der zugrundeliegenden Stadtaufwertungspolitik. Am 16. Dezember 2009 wurde das große Engagement der „Komm in die Gänge" Bewegung belohnt indem die Stadt Hamburg das Gängeviertel zurückkaufte.

Am 8. September 2011 wurde schließlich der Kooperationsvertrag der eine Sanierung des Gängeviertels vorsieht unterzeichnet. (vgl. das Gängeveirtel 2012/Kooperationsvereinbarung)

4.4. „Komm in die Gänge" Initiative

Die Initiative „Komm in die Gänge" umfasst ein breites Spektrum an Ideen und Zielsetzungen, welche ich im Folgenden erläutern werde. Beweggrund für den Start der Inititative war die Bewahrung des historischen Hamburger Gängeviertels vor dem Abriss. Daraus resultierte wiederum eine Kollektivbewegung, die das Altbauviertel als Freiraum für diverse Kunstprojekte, Kulturveranstaltungen, Ausstellungen etc. nutzte. Im Sinne der Nachhaltigkeit ist es weiterhin ein Ziel der „Komm in die Gänge" Initiative Freiräume für kreatives und künstlerisches Schaffen zu bewahren. Vor allem die ehemaligen Druckerei und Fabrikgebäude bieten sich aufgrund ihrer Größe für Lesungen, Ausstellungen oder sogar Theateraufführungen an. (vgl. das Gängeviertel 2012/Konzept, S. 15) Kooperationen mit diversen Hamburger Kunsteinrichtungen sollen dabei zu einer Erweiterung des kulturellen Fundus beitragen. (vgl. das Gängeviertel 2012/Konzept, S. 14) Ateliers, Proberäume sowie Ausstellungsflächen zu leistbaren Konditionen stellen dabei das Grundgerüst für dieses Vorhaben dar. Auch das „Wohnen" soll in Zukunft im Hamburger Gängeviertel wieder möglich gemacht werden. Der Mietpreis wird sehr niedrig gehalten bzw. an das Einkommen der Bewohner angepasst. Folglich wird auch ein aktives Partizipieren an der Pflege und Betreuung des Gängeviertels möglich gemacht. (vgl. das Gängeviertel 2012/Konzept, S. 18) Das Gängeviertel soll also kein geschlossener Kunstzirkel bleiben, sondern auch Raum für Wohnen und Arbeiten zur Verfügung stellen. Vor allem für die gewerbliche Nutzung wurden verschiedenste Modelle ausgearbeitet. Unter anderem ist die Eröffnung von einem Bio-Café, einer Kindertagesstätte, eines Literaturladen, von diversen Galerien, Mode und Musiklabels, sowie kleiner Handwerksbetriebe vorgesehen. Zusammen mit den Wohnungsmieten bilden die Einnahmen aus der gewerblichen Nutzung die Grundlage für die Finanzierung des Projekts. (vgl. das Gängeviertel 2012/Konzept, S. 19) Die Nutzung dieser Räumlichkeiten steht prinzipiell jeder Person offen, welche von einer eigens dafür zusammengestellten Kommission als dafür geeignet angesehen wird. Als essentielles Kriterium wird dabei die „Bereitschaft zur Partizipation am Leben im Viertel" (vgl. das Gängeviertel 2012/Konzept, S. 28) genannt.

Die Möglichkeit der Partizipation soll sich dabei nicht nur auf eine räumliche Komponente beschränken, sondern auch Mitwirkung an einer gemeinsamem Ideensammlung und Zukunftsplanung sind erwünscht. Gemäß dem Credo „Recht auf Stadt" (vgl. Twickel & Hackbusch 2010, S.38) soll auch eine gewisse Autonomie des Handelns heraufbeschworen werden, welche im Idealfall auch außerhalb des Gängeviertels ein Stück weit ausgelebt werden darf. Die Initiative „Komm in die Gänge" ist also weit mehr als ein reines Raumgewinnungsprojekt. Viel mehr ist es als eine soziokulturelle Bewegung zu verstehen, welcher es gelungen ist ein kleines Utopia im Herzen Hamburgs zu kreieren, welches auf gegenseitige Hilfeleistung und autonomen Handeln basiert. Die Funktion dieser Initiative ist also in hohem Maß auch jene, die Bevölkerung gegen das Thema der Gentrifizierung zu sensibilisieren und womöglich auch ein langsames Umdenken in der Stadtpolitik zu erreichen.

Die Wechselbeziehungen zwischen der Kultur- und Kreativwirtschaft und den verschiedenen räumlichen Prozessen können aus zweierlei Perspektiven betrachtet werden. Einerseits aus den Augen der Stadtplaner, welche versuchen Raumstrukturen zu erschaffen welche die Ansiedlung der kreativen Klasse begünstigen und andererseits aus Sicht der Künstler und Kreativen, welche sich zunehmend als Instrument einer Aufwertungspolitik verstehen. Am Beispiel Hamburgs spiegelt beispielsweise der Bau der „Elbphilharmonie" diese politische Intention wieder. Schleichend scheint sich nun allerdings die Erkenntnis durchzusetzen, dass vielmehr die ungesteuerten und suburbanen Künstlerbewegungen den erwünschten „Magneteffekt" erzielen. Nicht umsonst sind Stadtteile wie St. Pauli oder Altona zu heißbegehrten Spekulationsgebieten geworden. Eben jene künstlerischen Pioniere welche den besagten Stadtvierteln ihre typische Atmosphäre und Charakter verleihen, trifft der Gentrifizierungsprozess wohl am stärksten. Kunst und Kultur entsteht oft dort, wo Not und Bedürftigkeit besteht und das „Anderssein" noch erlaubt ist. Abseits gesellschaftlicher Reglements und Konventionen. Wird ein Stadtteil aufgrund seiner Lebendigkeit, Multikulturalität und Charismas jedoch zu interessant und zu begehrenswert, kommt die Gentrifizierungsmaschinerie in Gang und die jeweiligen Subkulturen sind gezwungen das Feld zu räumen. Ein Kreislauf der schlichtweg dem Recht des Stärkeren unterliegt und somit wohl auch nicht aufzuhalten ist.

Das Hamburger Projekt „Komm in die Gänge" konnte bislang durch großes Engagement den Gentrifizierungsprozess im Gängeviertel zumindest vorläufig aufhalten. Die Prozesse der Gentrifizierung sind allerdings nicht immer so radikal und plakativ wahrnehmbar wie am Beispiel des Hamburger Gängeviertels. Dementsprechend kann graduelle und schleichende Gentrifizierung auch schlechter bekämpft werden. Umso mehr muss man diese Aktion in meinen Augen nach außen tragen, sodass in Zukunft auch in anderen Städten Künstler und Kreative in den Diskurs der Stadtgestaltung miteinbezogen werden.

Die Kultur- und Kreativwirtschaft stellt den Anspruch, künstlerische, kulturelle und wirtschaftliche Interessen zu vereinen. Auf der Ebene der reinen Reproduktion und Distribution scheint dies ja auch zu funktionieren. Wirtschaftliche Interessen stehen meiner Meinung nach jedoch zu oft in Konflikt mit dem künstlerischen Schöpfungsprozess. Als konkretes Beispiel dafür halte ich die Gentrifizierung, welche diese Disparität sogar räumlich wiederspiegelt.

Literaturverzeichnis

Becker Konrad & Wassermair Martin (2009): Phantom Kulturstadt. Texte zur Zukunft der Kulturpolitik 2. Wien: Löcker.

Gebhard Hans, Glaser Rüdiger, Radtke Ulrich & Reiber Paul (2006): Physische Geographie und Humangeographie. Berlin: Springer.

Glückler Johannes, Ries Martina & Schmid Heiko (2010): Kreative Ökonomie. Perspektiven schöpferischer Arbeit in der Stadt Heidelberg. Heidelberg: Selbstverlag.

Kawka Rupert (2011): Kultur und Kreativwirtschaft in Stadt und Region. Bonn: Bundesinstitut für Bau-, Stadt- und Raumforschung.

Mayer Markus (2007): Kulturwirtschaft im Wandel. Analyse der Digitalisierung von Musikindustrie, Filmindustrie und Literaturmarkt. Saarbrücken: VDM.

Müller Klaus-Dieter, Flieger Wolfgang & Krug Jörn (2011): Beratung und Coaching in der Kreativwirtschaft. Stuttgart: W. Kohlhammer Gmbh.

Puchta Dieter, Schneider Friedrich, Haigner Stefan, Wakolbinger Florian & Jenewein Stefan (2009): Kreative Industrien. Eine Analyse von Schlüsselindustrien am Beispiel Berlins. Wiesbaden: Gabler.

Twickel Christoph (2010): Gentrifidingsbums. Oder eine Stadt für alle. Hamburg: Nautilus.

Zeitschriftenartikel

Florida Richard (2004): The rise of the creative class. In: The Washington Monthly. Nr.710. Ausgabe: Jänner / Feber.

Internetquellen

Das Gängeviertel (2012): Pressespiegel.
Online im Internet: http://das-gaengeviertel.info/medien/pressespiegel.html, zugegriffen am: 03.05.2012

Das Gängeviertel (2012): Das Gängeviertel.
Online im Internet: http://das-gaengeviertel.info/gaengeviertel.html, zugegriffen am: 03.05.2012

Das Gängeviertel (2012): Kooperationsvereinbarung.
Online im Internet: http://das-gaengeviertel.info/uploads/media/Kooperationsvereinbarung.pdf, zugegriffen am: 03.05.2012

Das Gängeviertel (2012): Konzept.
Online im Internt: http://gaengeviertel-eg.de/uploads/media/Konzept_Gaengeviertel_01.pdf, zugegriffen am: 03.05.2012

Otto Hans-Joachim (2010): Jahreskonferenz Kultur-und Kreativwirtschaft.
Online im Internet: http://www.bmwi.de/Dateien/KuK/PDF/kuk-jahreskonferenz-kultur-und-kreativwirtschaft,property=pdf,bereich=bmwi,sprache=de,rwb=true.pdf, zugegriffen am: 01.05.2012

Pletter Roman (2010): Das Tollhaus.
Online Im Internet: http://www.zeit.de/2010/22/DOS-Elbphilharmonie,
zugegriffen am: 05.05.2012

Twickel Christoph & Hackbusch Norbert (2010): Als Hamburg in die Gänge kam.
Online im Internet: http://www.linksfraktion-hamburg.de/fileadmin/user_upload/PDF/Gaengevier...pdf,
zugegriffen am: 04:05:2012

Weiniger Roland (2008): Existenzgründung in der Kultur- und Kreativwirtschaft.
Online im Internet: http://kukrheinmain.files.wordpress.com/2010/05/existenzgrundung-in-der-kulturwirtschaft.pdf,
zugegriffen am: 05.05.2012.

Abbildungsverzeichnis